子どもに伝えたい
和の技術
7

こめづくり
米づくり
RICE CROP
著　和の技術を知る会

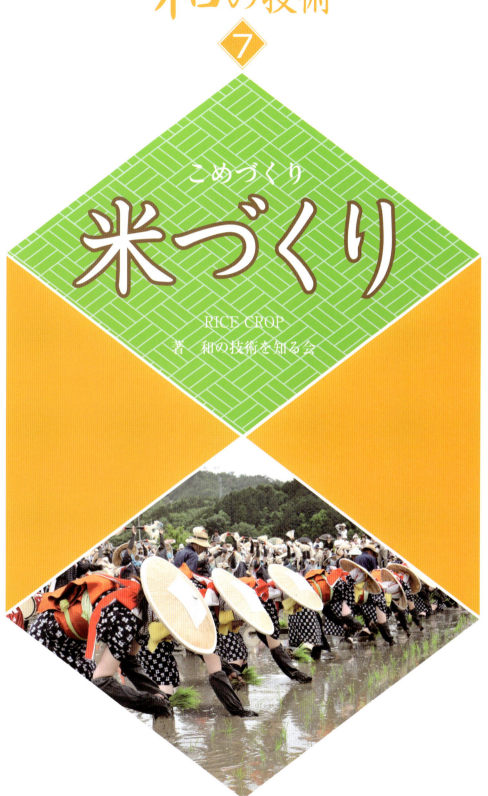

はじめに

昔の人の知恵とくふうがつまった米づくり

　米は日本の食文化にかかせない農作物です。主食になる白いごはんはもちろんのこと、もち・みそ・酒・和菓子など、いろいろな食品の原材料としても活躍しています。米が実ったあとの稲わらは、縄やわらじなど、生活に必要な道具の材料になりました。全国各地に「五穀豊穣」を祈る祭りがありますが、この「五穀」は米をはじめとする麦・粟・豆・黍（または稗）5つの穀物のことです。米は古くからたいせつなものとして、神様に供えたり、税になったりと、日本の文化や歴史に深くかかわっています。

　米づくりは約2500年前に、中国や朝鮮半島から日本へ移り住んだ人により伝わり、人々の知恵やくふうにより進化し、今につながっています。農具が発達し、機械化がすすんだことで農作業の時間が短くなり、同時にほかの作物を生産したり、別の仕事をしながら米づくりをしたりすることができるようになりました。その中で、田んぼに水をはって稲を育てること、苗を別に育てて植えること、川の流れを利用すること、乾燥させて保存することなど、基本の米づくりの技は今も生かされているのです。

　この本では田んぼづくりの技、稲を育てる技、米をおいしくする乾燥の技など、昔からの米づくりの技がどのように今に生かされているのか、さまざまな角度から紹介します。知れば知るほど、日本文化の奥深さを感じ、米づくりのすばらしさが見えてくるでしょう。

もくじ

米づくりの世界へようこそ・・・・・4
田んぼと自然とくらし…………4
米の1年…………6

米づくりの技を見てみよう・・・・・8
田んぼづくりのスゴ技……………8
稲を育てるスゴ技…………10
天日干しのスゴ技…………12

米づくりの昔と今・・・・・・14

日本のいろいろな田んぼ・・・・・18

品種改良とおいしさのくふう・・・・・20

米づくり体験レポート・・・・・22

米づくりと日本の行事・・・・・24
くらしの中の行事……………24
米と祭り…………26

もっと米づくりを知ろう・・・・・28
米づくりと人々のくらし…………28
主食としての米…………30
米からできるもの…………30
米づくり・農業の仕事をするには…………31

米づくりの世界へようこそ

田んぼと自然とくらし

稲を育て、米を実らせる田んぼは、自然やくらしと深い関わりがあります。日本人の心をなごませる田園風景にかくれている、さまざまな知恵やくふうを見てみましょう。

●山林からの栄養豊富な水を利用

山林に降った雨が土にしみこみ、その土などの養分をふくんだ水が川に流れます。その水を田んぼに引き入れて稲を育てます。山からの水は、自然の肥料となるのです。

●自然の地形をじょうずに活用

下の写真では、傾斜のある土地にあわせて、階段状に田んぼがつくられています。また、広い平野では、1区画を大きく区切り、作業をしやすく、大量に収穫できるような田んぼにしています。日本全国にある田んぼは、それぞれの地形にあわせてつくられているのです。

急な斜面では地形にあわせて、田んぼ1段のはばをせまくつくります。

●水をきれいにする

田んぼの水は、稲が吸収したり、自然に蒸発したりするのと同時に、一部は地下にしみこみます。地下にしみこむときに、水のよごれを土の中の微生物が分解したり、土の層によりろ過したりして、きれいな水の地下水となります。これは地下水を一定の量に保つことにもつながります。

●生き物たちのすみかに

田んぼや用水路、田んぼを区切るあぜには、さまざまな生き物がすんでいます。それらプランクトンや虫などをねらって鳥などもやってきます。田んぼのまわりでは生き物が食べたり食べられたりする「食物連鎖」がくりひろげられ、自然界の生態系の一部をになっているのです。

●保水の力で自然災害を防ぐ

山が多く、雨が多い日本では、洪水は昔から人々をなやませてきた自然災害です。田んぼは雨が一度に流れないようにためておくことで、洪水をおきにくくする役割もはたしています。

ほかにもある田んぼの役割

田んぼのいちばんの役割は、米をつくることですが、ここで紹介した以外にもまだまだ多くの役割があります。米を収穫した後の稲わらは、たい肥になったり、縄になったり、わらじになったり、土とまぜてかべになることもあります。田園風景は人々の心をなごませます。ほかにも田んぼや周辺のいろいろな役割を、調べてみるのもいいでしょう。

米の1年

米は、種から芽を出して稲になり、収穫されて、わたしたちの食卓で食べるごはんになるまで、どのように成長して加工されるのでしょうか。おおよその流れを紹介します。

種

米の種は、稲の果実であり、もみがらに包まれた米になります。「種もみ」ともいいます。

前年に収穫された種もみを使う。消毒し、水分を吸収させてから、発芽させる。

発芽

32度くらいの湯につけてあたため、芽を出させます。芽が出たら土を入れた育苗箱にまいて育てます。

土をしいた育苗箱にまいた発芽した種。さらに土をかぶせる。

苗

発芽したら、土を入れた育苗箱にまき、苗に育てます。1週間ほどで葉が出はじめます。
※苗を育てる田んぼ「苗代田」に種もみをまいて育てる方法もあります。

田植え

種まきから4週間以上で、葉が2枚半以上、12〜13cmの高さになり、田植えができる状態になります。

田植えして1週間ほどたった苗。白い根は、苗が田んぼに根をはった証拠。

稲の生育

3月　　　4月　　　5月

刈りとりからごはんになるまで

刈りとり

田んぼ全体が黄金色に色づいたら、稲を刈りとります。刈りとりと同時にだっこくまでおこなう機械もあります。

乾燥

米を乾燥させることで味を凝縮させ、長く保存できるようにします。現在ではおもにだっこくしてから乾燥させます。

だっこく

稲ごと乾燥させたあと、だっこくする場合もあります。1束ずつ機械に入れ、もみだけをとりだします。

米づくりの世界へようこそ

分げつ
新しい茎が増え、株が大きくなることを分げつといいます。

穂のもとができる
株元に穂の赤ちゃんができます。表面から見えない変化です。

穂が出る
穂が出て白い小さな花が咲き、受粉をします。米が実る準備がととのいました。

成熟
穂についたもみの中で米が実り、黄金色に色づきます。

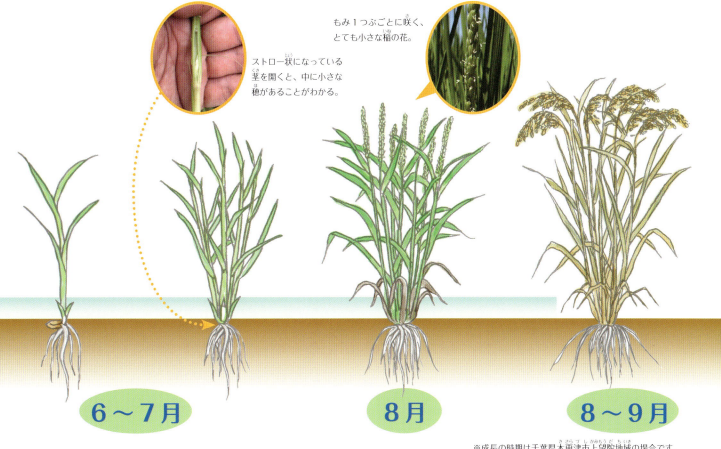

ストロー状になっている茎を開くと、中に小さな穂があることがわかる。

もみ1つぶごとに咲く、とても小さな稲の花。

6〜7月　　8月　　8〜9月

※成長の時期は千葉県木更津市上望陀地域の場合です。地域の気候や育てる稲の品種によりかわります。

もみすり
もみがらをすり落として、中の米だけにします。その状態が玄米といわれます。

精米
玄米の表面のうす皮になるぬかや胚芽をとりのぞくことを精米といいます。とりのぞく割合により、「三分つき米」「胚芽米」「白米」などといい、多く見られるのは「白米」です。

▲ 玄米

▲ 白米

炊飯
精米された米や玄米は、水にひたしてから火にかけて炊飯して、ようやくわたしたちが食べるごはんになります。

ごはん

米づくりの技を見てみよう

田んぼづくりのスゴ技

米づくりでは、水をためたりぬいたりできる田んぼ（水田）がとても重要な役割をはたします。その田んぼの技は古代から伝わり、改良されながら今も続いています。

田んぼのしくみ

もともとは、自然にできる湿地（水を多くふくむ土地）を利用して田んぼをつくっていましたが、川から水を引き入れる「かんがい」というしくみで田んぼをつくるようになりました。昔の人の知恵がいっぱいつまった田んぼのしくみを見てみましょう。

●田んぼと水のスゴイ関係

稲を育てるときに水をはるようになったのは、弥生時代のころからです。この栽培方法には次のような役割があります。
- 肥料が少なくても土の中から栄養を吸い出し、根から吸収しやすくなる。
- 塩分など不要な成分を流し出すことができる。
- 川からの水の栄養が土に吸収されることで土の栄養が保たれ、連作（同じ作物を何年もつくること）ができる。
- 土の中や地表の酸素が減るため、雑草が生えにくくなり、有害な微生物が少なくなる。

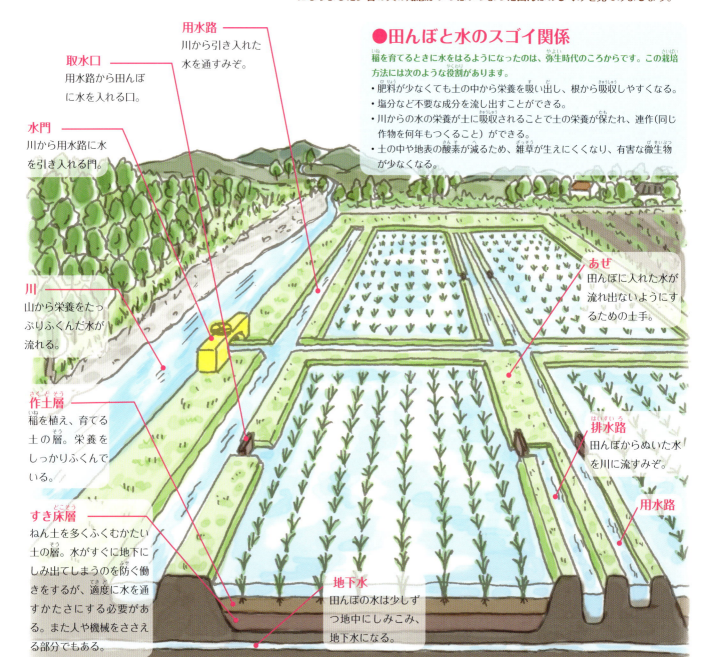

用水路 川から引き入れた水を通すみぞ。

取水口 用水路から田んぼに水を入れる口。

水門 川から用水路に水を引き入れる門。

川 山から栄養をたっぷりふくんだ水が流れる。

作土層 稲を植え、育てる土の層。栄養をしっかりふくんでいる。

すき床層 ねん土を多くふくむかたい土の層。水がすぐに地下にしみ出てしまうのを防ぐ働きをするが、適度に水を通すかたさにする必要がある。また人や機械をささえる部分でもある。

あぜ 田んぼに入れた水が流れ出ないようにするための土手。

排水路 田んぼからぬいた水を川に流すみぞ。

用水路

地下水 田んぼの水は少しずつ地中にしみこみ、地下水になる。

土づくりの技

作土層の土づくりは、稲の成長に大きくかかわります。有機物がよく分解されたやわらかく水はけがよい土をつくるために、各農家がさまざまにくふうしています。山形県庄内の志藤正一さんがおこなっている、化学肥料や除草剤がない時代と同じ条件でできる土づくりを紹介します。

●ぼかし肥えづくり

米ぬかに水分を少したしたものを雑木林の土にうめ、落ち葉を雨よけにかけて3～4日おくと、微生物が集まって白っぽくなります。これを持ち帰り、米ぬか、貝の化石や海鳥のフン、油かす、土などをあわせ、時々まぜながら1か月くらい積んでおくとできあがります。微生物は有機物を分解して、栄養にしてくれるのです。こうして、肥料分に土をまぜてうすめ（ぼかし）てつくる肥料を、ぼかし肥えといいます。

▲ できあがったぼかし肥え。

あわせて有機肥料に

それぞれ手づくりした2種類の有機肥料を田んぼの土に加えて稲を育てます。3年ほどで土壌改良が進みますが、さらによい土をつくるために、毎年有機肥料をほどこします。こうした田んぼの土はつぶがこまかくなり、除草が楽になり、気象の変化が稲の生育にあたえる影響が少なく、米の味がよくなるそうです。

●たい肥づくり

たい肥とは、おもに植物とふん・尿などをまぜて置いておき、はっ酵させてつくる肥料です。ここでは、家畜にしていた豚のふん・尿と、米づくりで出たもみがら、栽培している枝豆の葉をあわせて積んでおき、時々まぜてはっ酵させてつくります。

▲ 熟成中のたい肥。

▲ 有機肥料で育った稲。

たがやす技

冬の間にかたくなった田んぼの土をほりおこしてかきまぜます。道具はちがっても、稲づくりの基本として昔からかわらずおこなわれてきました。やわらかくなり、中に空気をふくんだ根のはりやすい土になります。さらに生えはじめた雑草が土にうまって除草もできます。事前にまいた肥料をまんべんなく土にまぜる役割もあります。

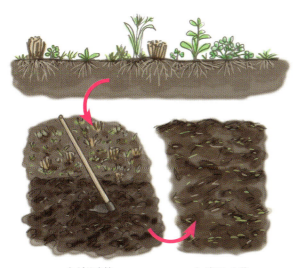
たがやす前　　たがやした後

代かきの技

田んぼに水をはり、土をくだきながら表面を平らにする作業を「代かき」といいます。水を均一にはるためにとてもたいせつな作業です。田んぼが平らでないと、水の深さがまちまちになってしまうからです。昔は水をうすくはり、水たまりのできかたを見て平らにしていました。今はレーザーなどを使って平らかどうかをはかることができるので、水をはる前におおよそすませる場合もあります。

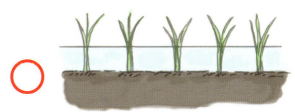
▲ 平らな田んぼは、水の層が均等になり、苗の成長も均等になる。

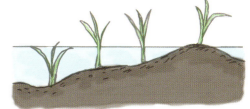
▲ 土が高いところでは苗がたおれやすく、低いところでは葉が呼吸できなくなる。

稲を育てるスゴ技

田んぼの準備がおわったら、つぎは稲を育てます。刈りとりまでの基本の流れと、一部の技を見てみましょう。

稲を育てる基本の流れ

※上望陀（千葉県）の場合

種準備
- 種もみを用意する
  ↓
- 種もみを消毒する
  ↓
- 種もみを湯につけて発芽させる
  ↓

育苗
- 育苗箱に発芽した種もみをまく
  ↓
- 苗をビニールハウスで育てる
  ↓

田んぼでの稲栽培
- 葉が2枚半になったら田んぼに植える
  ↓
- 茎が太くなるまで水をはる
  ↓
- あぜや周囲の除草をする
  ↓
- 葉の色や茎の太さを見て、必要あれば追肥をする
  ↓
- 病気や害虫から守るために薬剤をまいて予防する
  ↓
- 水を浅くして、乾いたら水を入れる「間断かん水」で、土に酸素を入れて根を元気にする
  ↓
- 穂が出てから30日ほどで、水をぬく「落水」をする
  ↓
- 米の実りぐあいを見て、刈りとる

種もみ選びの技

もみがらをとる前の米の元となる種もみが、稲の種になります。よい種とは、中身がしっかりつまった重いものです。その選別法のひとつが「塩水選」です。生卵がうくくらいのこい塩水を用意して種もみを入れ、うかんでくるものをとりのぞきます。しずんだものは重く、身がつまっている種というわけです。今は、すでに選ばれた種もみを購入する場合が多いので、各農家で「塩水選」をおこなうことはほとんどありません。

育苗の技

●種まきのタイミングをはかる

田植えをする時期を見きわめ、そこから苗が育つ日数を計算して育苗箱などに種まきをすることも、伝承された技といえるでしょう。たとえば気候の温暖な上望陀（千葉県）では、春先の風の強い時期に田植えをすると、まだ弱い苗がたおれてしまいやすいので、時期をずらして4月下旬から5月初旬に田植えをするといいます。また東北の庄内（山形県）では春がおそいため、5月中旬以降に田植えをします。それぞれの地域にあった田植え時期を目指し、約4週間前に種まきをします。

●水と温度がたいせつな育苗

種がまかれた育苗箱はとてもうすいため土の保水力が弱く、乾燥しやすいのが特徴です。表面が乾かないように葉が出るまでビニールでおおったり、毎日水の量を調整したりします。さらに成長しやすい温度になるよう、ビニールハウスを開け閉めして温度管理をするのもたいせつな技です。

▲芽が出るまで、上のようにビニールなどでカバーをして、温度と水分を保つ。

▲葉が出たらビニールをはずして育てる。

▼昼は20度前後、夜は5度以上になるように温度管理をする。

米づくりの技を見てみよう

田植えの技

育苗箱で育った苗を、3〜5本まとめて、等間隔に植えていくのが基本です。これも昔からの技のひとつです。1本で植えるとたおれやすいため、数本まとめて植えます。多く植えすぎると、育ちにくかったり、刈りにくかったりします。また、植える深さも重要です。浅いとたおれやすく、深いと根がはりにくくなります。田植えの技のいろいろなところに、昔の人の知恵が生かされています。

▲ 機械で植えたあとのすき間に、苗を手植えしている様子。

▲育苗箱から出した苗。

▲ 3〜5本をまとめて植える。

除草の技

稲を育てることは、雑草との戦いと表現する人もいるほど、たいへんな作業です。田んぼに入り、手で雑草をぬくのが昔ながらの方法ですが、とても手間がかかります。除草剤をまいたり、水を深くはって雑草の芽を出にくくしたりするのが一般的です。また、「アイガモ除草」という方法もあります。アイガモは雑草を食べたり虫を食べたりするため、除草や防虫の役割をはたします。さらに水を足でかきまぜてくれるので、水や土の状態もよくなります。安土桃山時代におこなわれていましたが、江戸時代にはいったんなくなり、近年ふたたび有機栽培を助ける方法として注目をあびています。

▲ 田んぼにはなされたアイガモ。

水管理の技

田んぼの水の深さを変えることで、稲の成長を助けます。広大な田んぼを管理していたとしても、毎日水の量を確認するのは1人です。複数の人でおこなうと、全体がつかめなくなるからです。田んぼの水は稲が吸ったり、土に浸透するほか、表面から蒸発もするため、毎日、田んぼ1枚（区画）ごとに水の量が変化します。稲の成長を見きわめながら、水を管理することで、おいしい米ができます。

▲ 水は米づくりにとてもたいせつなので、毎年はじめて水門を開けるときはお祓いをして、今年もぶじに水が田んぼにまわるように祈る。

▲ 田んぼに水を入れるためのポンプ式の取水口。

田植えから刈りとりまでの水の管理

※上望陀（千葉県）でおこなっている水管理です。深水と間断かん水の間に10日ほど水をぬいて土を乾かす「中干」がおこなわれる場合もあります。

5月 田植え	6〜7月 穂のもとができるころ	8月 穂が出てから30日ころ	収穫
深水	間断かん水		落水
稲の成長とともに水を少しずつ深くし、15cmくらいまで水をはる。稲が太くじょうぶに育つ時期。さらに雑草を生えにくくする効果もある。	水をぬいて深さ1〜2cmに浅くし、乾いたら水を浅く入れる、ということをくりかえす。稲が高くなるので、土に日があたりにくく、雑草が生えにくい。また、土に酸素が入り、根を元気にする働きもある。		完全に水をぬく。穂が出てから30日ほどでおこなう。刈りとりしやすい田んぼにする。

天日干しのスゴ技

米は水分が15%くらいになるよう、乾燥させて保管します。機械乾燥なら数時間でできますが、何日もかけて乾燥させる昔ながらの天日干しの技を見てみましょう。

天日干しとは

稲を外に干して乾燥させる方法です。朝晩つゆがついたり、風や日ざしをうけたりしながら、数週間かけてゆっくり乾燥することで、稲の葉や茎にたまった栄養分がもみに送られ、味がよくなるといわれています。

くいがけ

くい（木の棒）を立てて、そこに刈りとった稲の束をかけて干す方法です。山形県の庄内平野など、風の強い地域でおこなわれます。

はさがけ

束ねた稲を、横にわたした棒にかけるかんたんな方法で、広くおこなわれています。はざがけ、はせがけともいわれます。写真は1段ですが、上に棒をたして、2～5段にする地域もあります。

米づくりの技を見てみよう

くいがけの技

山形県の山五十川で栽培されている米「恋慕の舞」（コシヒカリ）の天日干しの技を紹介します。垂直に立つ1本の棒に、50束の稲をひも1本で固定するには、どんな技がかくれているのでしょうか。

❶ 稲をくいの横におく

50束の稲を、向きをそろえてくいの横においていき、くいにかける準備をします。1束だけ横向きに置いているのは、数がそろったという合図です。

❷ 土台をつくる

くいの下から50cmくらいの位置にひもを結びます。そこに向きをたがいちがいにした2束の稲を結びつけたものが土台になります。ずれ落ちないように、稲わらが折れないように、絶妙な強さで結びつけるのは熟練の技です。短い棒をくいにつけて土台にする方法もあります。

この1本のひもで50束をささえます！

❸ 稲の束を重ねていく

くいをはさむようにして、2束ずつ、穂の向きがらせん状になるように、重ねていきます。ときどき、1つの束でくいをはさむようにするのが安定させるコツです。最後も同様にはさんでとめます。

リズムよく積み重ねていくのでかんたんそうに見えますが、バランスよくしあげるには技が必要です。

❹ かけかえ

10日ほど干したら、かけ直して、まんべんなく風や日があたるようにします。合わせて3週間ほどで天日干しは完了です。

できあがり

米づくりの 昔 と 今

米づくりにはいろいろな作業があり、道具の進化により、大きく変化してきました。昔はどんな農具を使いどんな作業をしていたのでしょうか。現在と比べて見ていきましょう。

※農具や農作業のよび方は、時代や日本の各地域によりいろいろちがいがあります。

昔

田おこし
田んぼの土をほりおこし、細かくくだく作業で、牛や馬の力も用いました。この時、肥料を入れて稲が育ちやすい土にしました。

▲ 田おこしに家畜を使う

今

トラクター
さまざまな作業機械をつけかえて、農作業ができます。田おこしをはじめ、肥料をまいたり、代かきなどの作業に使います。

備中グワ
刃の先が3、4本に分かれているので、刃先に土がつきにくく、より深くたがやすことができます。

打ちグワ
田んぼをたがやしたり、除草したり、いろいろな作業に使われます。

双用スキ
牛や馬に引かせて、土をほりおこす農具です。ヘラが左右どちらにも回転でき、往復しても同じ方向にほりおこせます。

代かき
代かきは田おこしをした田に水を引き入れ、土をより細かくくだき、水とまぜる作業です。

代かき馬グワ
人が馬グワをおしながら、牛や馬にも引っぱらせて、土を細かくし田の表面を平らにします。

えぶり
土の表面をていねいに平らにするために使います。また穀物の実をかきよせる時にも便利です。

地ならしローラー
ローラーを回転させることで、粗い土や雑草などを土の中にしずめ、表面を平らにします。

田植え

苗の葉が2枚半以上になり、高さが12〜13cmになったらいよいよ田植えです。昔は苗を手で植えていきました。家族総出か、近所の人たちと共同でおこなっていました。

昔

▲ 昔の田植え

今

田植え機
苗の入った育苗箱を田植え機にセットすると、機械によって規則正しく植えられていきます。

型枠
苗を植える場所にしるしを、正しくきれいにつけるための農具です。

縄
軸をあぜにつき刺して、田んぼの上に縄をまっすぐのばしてしるしにします。

苗カゴ
苗の束を田んぼまで運ぶのに使われます。

踏車
羽根板をふんで羽根車を回して、水をくみ上げ、水田の水の量を調整します。

草刈り・除草

田んぼに生える雑草は、水や養分を横どりして稲の成長をさまたげます。除草と同時に、土をかきまぜて根に酸素を送りこむ役割ももちます。

昔

除草機
両手でおしてころがしながら、稲の間の土をかき回すことで、雑草をとりのぞき、稲の生育を助けます。

がんづめ
内側に曲がった鉄製のつめで除草などに用います。

今

多目的田植え機
多目的田植え機に水田用除草機をとりつけて除草します。

稲刈り・だっこく

穂が出はじめて40〜60日が過ぎ、葉や茎が黄色くなると、刈りとります。昔はカマで刈り、手で束ね、そのまま乾燥させてからだっこくしていました。

昔

カマで刈る
ひと株ひと株を刈りとります。

カマ
稲を根元から刈りとることができます。

田舟
昔、腰まで水があるような田んぼでは、舟の中から稲を刈って運びました。

足踏みだっこく機
裏についている踏み板をふんで胴部分を回し、束ねた稲をあててもみをしごき落とします。

千歯だっこく機
くし状にならんだ歯と歯の間に稲の茎をはさみ、穂からもみをそぎ落としてだっこくします。

今

▲ 稲を刈りとるコンバイン

バインダー
手で操作し、稲を刈りとりながら束ねることができます。

コンバイン
1960年代にコンバインが開発され、刈りとりからだっこく、もみとわらの選別まで、一気におこなうことができるようになりました。

▲ 稲をだっこくし、わらを機外に出す

米づくりの昔と今

もみの選別
だっこくしたもみには、稲わらのくずやごみがまじっています。これをさまざまな方法でとりのぞき、ふるい分ける作業です。

昔

▲昔ながらの天日での乾燥（山形県庄内地方）

天日干し
今は、だっこく後にもみを乾燥させますが、昔は、稲のまま束ねて乾燥させてからだっこくしました。今でもこの天日干しを行っている農家があります（12〜13ページ参照）。

もみふるい
だっこくしたもみをすくいとって、両手で持ってふるいます。もみはふるいの目から落ち、切れた穂やわらくずがふるいの中に残ります。

箕
もみとわらくずを選別するのに使います。動かすのにコツが必要です。

唐箕
上からもみと玄米を入れ、ハンドルの部分を手で回して風をおこします。風の力でもみがら・玄米・ごみを吹きわけることができます。

昔

貯蔵
玄米のまま、涼しく、うす暗い蔵や倉庫に保管されます。

▲昔ながらの低温倉庫「山居倉庫」（山形県酒田市）

▲倉庫に俵を積む

今

カントリーエレベーター

▲カントリーエレベーター（山形県庄内地方）

農家でも稲刈りし、乾燥・だっこく・もみすりをしますが、ここでも乾燥・調整してサイロに保管します。米が必要なときに、もみすりして出荷します。

エレベーター

一時貯蔵タンク

乾燥
急速にではなく40度以下の低温でゆっくり乾燥させます。

計量
計量し、石やゴミをとりのぞきます。

荷受
農家で収穫した米が運ばれ、エレベーターに乗せられます。

貯蔵
乾燥されたもみは貯蔵サイロに入れます。

出荷
ふくろづめされ、精米工場、卸売業者、小売店に運ばれます。

もみすり機

17

日本のいろいろな田んぼ

全国各地で米づくりがおこなわれている日本では、それぞれの地形や文化により、特色のある田んぼがあるので、いくつかの例を見てみましょう。

※収穫量に関するデータは、政府統計の総合窓口（https://www.e-stat.go.jp/）作物統計調査をもとに記しています。

散居村

砺波平野では家の周りに自分の農地を広げ、風雪や夏の日射しよけに屋敷の周りに木を植え、守り育ててきました（屋敷林）。それが地域全体に広がり、田んぼの間にぽつぽつと家が散らばっているような景色になったのです。こうした集落の様子を散居村とよびます。家と農地が近いので、田んぼの世話がしやすいという特徴があります。

上空から見ると、まとまった集落になっていない様子がわかる。

条里制

奈良時代におこなわれた土地を分ける制度で、その当時の区画がそのまま今も使われていると思われる地域の田んぼです。とても細長い区画で、約10枚で正方形になります（ほかの分け方もある）。

奈良時代の都、平城京の南側に位置する、現在の磯城郡田原本町の田んぼ。

盆地の米づくり

標高が高く、山々に囲まれた盆地は、おいしい米をつくるのに向いている地域です。米づくりにかかせない水資源が豊富で、盆地特有の朝晩の寒暖の差は稲をじょうぶにして米の食感やうまみをあげてくれます。

阿蘇五岳に囲まれた阿蘇盆地の田んぼ。

安芸市の二期作。田植えをしたばかりの田んぼと、黄金色の実った稲穂の両方が同時に見られる。

二期作

同じ田んぼから同じ作物を1年に2回栽培することをいいます。年間の平均気温が16度以上の地域でおこなわれます。高知県のほか、沖縄県や鹿児島県などで可能です。

新潟県西蒲区の夏井には、はさがけをするための「はざ木」が保存されている。木の間に横木をわたし、稲を干す風景が今でも見られる。

寒冷地の米づくり

昔は味がよくないといわれていた北海道の米ですが、最近では技術が進化して、新しい品種を出すなど、おいしい米産地として注目をあびています。

深川市をふくむ空知地域は道内で一番の生産量をほこる（2016年調べ）。

日本一の米どころ

豊かな越後平野のある新潟県は、田んぼの面積・年間収穫量ともに全国1位です。とくに2016年までの5年間は収穫量トップで、安定した生産をしています。

今の米のルーツ

現在の米の系統をたどると、多くがここ庄内で開発された「亀ノ尾」にたどりつきます（20ページ参照）。山形県の「母なる川」といわれる最上川が広大な田んぼをうるおしています。

都道府県別 米の年間収穫量

このページの地図では、2016年の収穫量を都道府県別に以下のように色分けをしています。

- ■ ……50万トン以上
- ■ ……20～50万トン
- ■ ……10～20万トン
- ■ ……1～10万トン
- ■ ……1万トン未満

米が実る7月～9月に、昼夜の寒暖差が大きくなる庄内平野は、米づくりに向く地域。

日本一広い平野の米づくり

関東の一都六県にまたがる日本最大の関東平野はほぼ四国の面積におよび、米づくりがさかんです。とくに茨城県・栃木県・千葉県は生産量10位以内に入っています（2016年調べ）。

日本最大級の棚田といわれる丸山千枚田は、観光地としても人気です。

棚田の米づくり

山の斜面にそってつくられた田んぼは、階段状になっていて、棚田や千枚田などといわれます。上の田んぼに水を入れれば下に流れていくので、ポンプなどをめぐらせる手間が不要ともいえます。盆地のように寒暖差があり、気候的には米づくりに向いていますが、機械を入れにくいので手作業が多くなります。棚田は自然環境を守る役割もしているので、たいせつに管理・維持する活動もあります。

利根川をはさんで北が茨城県稲敷市、南が千葉県佐原市で、どちらも田園風景が広がる。

品種改良とおいしさのくふう

日本には米の品種が数百あり、主食になる米、酒用の米、もち米をふくめて現在つくられているのは約300種といわれています。それらのルーツと、どうやって新しい品種が生まれるのかを見てみましょう。

明治時代の品種改良

まだ肥料や栽培方法も発達していない当時、米の収穫量を左右するのは天候と品種でした。1893（明治26）年山形県では冷害により多くの稲がたおれているなか、阿部亀治（1868～1928）は、立って稲穂を実らせている3本の稲を見つけます。これを原種として育て、苗の密度や水の深さ、肥料のやり方などをさまざまにくふうして地道に研究しました。4年の後に病気にも虫にも強い品種「亀ノ尾」を生み出します。その後、1904（明治37）年に農学者の加藤茂苞が稲を人工的にかけあわせる方法での品種改良を本格的にはじめると、以後亀ノ尾を中心に、下の系図にあるようにコシヒカリ、ササニシキ、はえぬきといった、わたしたちがよく知っている品種が生み出されていきました。亀治は、品種改良の基礎をつくったといえるでしょう。

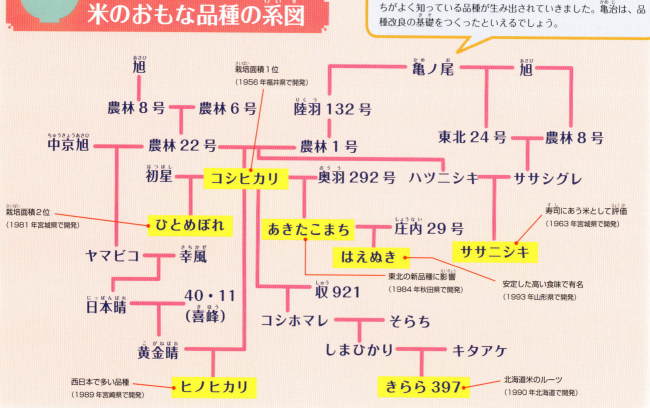

米のおもな品種の系図

新しい品種ができるまで

●10年以上かけてつくられる

品種改良は、その土地の気候で育てやすく、かかりやすい病気にも強く、さらにおいしい米が実る稲をつくるためにおこないます。現在、米の品種開発は、おもに国や都道府県の農業試験場でおこなわれています。試験場では、まずどんな品種を開発したいか目標を決めます。交配・養成をして、選ぶ→栽培調査→選ぶ、をくり返して、目指す品種の候補となるものをしぼっていきます。1つの品種が開発されるのに、10年以上かかります。

⑤新品種誕生！ 11年～
④栽培調査 7～10年目
③生産力・特性検定試験 5～6年目
②個体選び・系統選び 3～4年目
①交配・養成 1～2年目

▲何度も調査・試験がおこなわれ、多くの組みあわせから選ばれた1つの品種が生まれる。

1 交配・養成

目標に近づけるための交配の組み合わせを60組決め（山形県の場合）、種から育てます。花が咲くころに、「母品種」の花粉をとりのぞき、そのめしべに「父品種」の花粉をかけて、受粉させます。遺伝子の型のばらつきをおさえるためと、種を増やすために2年で3世代の種をとります。

◀温室で秋から春にも稲を育て、2年で3回、種をとる。

2 個体選び・系統選び

3年目には、交配の組みあわせごとに800〜2000の苗を植え、その中から姿のよい稲を選びます。よく年には選ばれた稲を系統として約30株植え、穂が出る時期や品質、寒さや病気に強いかなどを調査します。

田んぼで選んだ株にしるしを▶
つけ、収穫する。

3 生産力・特性検定試験

5〜6年目は収穫量、米の質、食味、寒さや病気に強いかなど、たくさんの調査や検定試験がおこなわれます。5年目は予備試験、6年目が本試験となり、これら検定試験の結果のよいものだけが選ばれます。食味検査では、同じ条件で米をたき、味・におい・食感・色つやなどをスタッフが実際に食べて調査します。また、専用の機械でおいしさを数値化します。

▲食味検査をしている様子。

4 栽培調査

7〜10年目は、選んだ品種に地方系統「山形〇〇号」などと仮の名をつけ、栽培適性の確認をします。すぐれている系統は協力農家の田んぼでも栽培試験をおこない、さらに系統をしぼっていきます。

▲県内の各地で栽培し、すぐれた系統をしぼっていく。

5 新品種誕生！

消費者や生産者にもとめられる、すぐれた系統だけが、新品種となります。「山形〇〇号」にかわって品種名をつけて農林水産省に品種登録出願をおこないます。同時に栽培方法の試験をおこない、生産者向けに栽培マニュアルや適地（栽培に向く地域）マップをつくったり、米のロゴマークをつくったりして、店にならぶ日を待ちます。

▲2009年に品種名がついた「つや姫」。

▲「つや姫」のパッケージ。

くすのき自然クラブの 米づくり体験レポート

田植えや稲刈りは、自然の環境を学ぶための体験として、全国各地でおこなわれています。ここでは、千葉県木更津市でおこなわれている米づくり体験の様子を紹介します。

5月 田植え → 7月 草とり

田植えは、一列になって、後ろに下がりながら植えていきます。赤い株間ひもをはって目じるしにして、まっすぐの列になるように植えます。

夏に田んぼに生えてくる水草や雑草などをとりのぞきます。土や水の養分が稲にいきわたるようにするための、たいせつな作業です。

ちょっとくらいずれてもだいじょうぶ
3〜5本ずつとって植えていく。

米のためにがんばるよ！

田んぼのどろって意外と気持ちいい！

＋大豆の種まき

この時期、大豆を田んぼの周辺に植える。その昔、田んぼのあぜに豆類を植えていたことから、「あぜ豆」とよばれていた。

＊自然とのふれあいもたいせつ

田んぼの中も発見いろいろ。

虫めがねで草や虫の観察もたのしい。
葉っぱでブローチづくり。

＊小川で生きものさがし

川岸にガサガサと足をふみいれると、魚やエビなどが出てきてアミに入る遊びも。

生きものがいっぱいいるよー！

田んぼまわりの体験いろいろ

●大豆の収穫
7月に種をまいた「あぜ豆」を11月に収穫します。根ごと引きぬいてから、豆のさやをはずして集めます。

●稲わらで正月飾りづくり
12月にはだっこく後の稲わらで、正月用の飾りをつくります。千代紙や水引（色のついたひも状の紙）、梅の花でにぎやかにします。

●みそづくり
田んぼ体験で収穫した米でつくられた「こうじ」（写真左／菌を繁殖させたもの）と、「あぜ豆」で、1月にみそを手づくりします。

9月 稲刈り

黄金色に米が実ったら、稲刈りをします。カマで1株ずつ刈るのは、なかなかむずかしいようです。収穫後は天日干しにして乾燥させます。

1株をしっかりにぎり、一気に刈る様子。

刈りとった稲は、さおに立てかけて干す。

10月 だっこく

昔ながらの道具でだっこく体験。稲穂からもみがはずれる様子が見られるのはめったにない機会です。

足踏みだっこく機での作業。足でペダルをふむとローラーが回り、飛び出た針金にもみがひっかかってはずれるしくみ。

千歯こきでのだっこくも。小さな子どもでもできる作業。

＊たこあげ

新聞紙と竹ひごでたこをつくるところからはじめる。電線がなく広い田んぼはたこあげにぴったり。

たこたこあがれ〜

＊稲わらや道具も遊びに

ふかふかのわらのベッドにダイブ！

もみのふくろでぴょんぴょんリレーも楽しい。

つかれもふきとぶ気持ちよさ

米づくりと日本の行事

くらしの中の行事

日本では昔から、米はたいせつな食べものであり、神様の力がやどる神聖なものでした。米づくりも、わたしたちのくらしの行事に深くかかわっています。

田の神への祈り

山や川、森や木、岩、太陽や月、そして家の中の台所など、すべてのものに神がやどると考えられていました。田んぼや稲にもやどり、稲作の神は田の神とよばれ、豊作を願う人々によって厚く信仰されてきました。日本各地では、豊作を祈り収穫を感謝するいろいろな行事がおこなわれ、季節の行事にも田の神と深いつながりのあるものがあります。

正月は田の神をむかえる行事

正月は、もともと豊作や家を繁栄させる、年神という神様をむかえる行事です。年神は田の神と同じとされ、人々は新年にむかえるため飾りや供えものを用意します。新年にその年の縁起のいい方向からやってきて、1年のおわりに帰っていくと信じられています。

鏡もち
神の力がやどると考えられていた鏡に見立て、まるい形につくられた、年神への供えものです。長寿を意味する植物の裏白や、長く繁栄する橙などの縁起物といっしょに供えられます。

お年玉
もともとは、もちを配り、年神の力をもらうという意味でした。

しめ縄・しめ飾り
年神がおとずれている神聖な場所であることをしめし、魔よけにしました。

門松
松飾りともいい、年神が山から下りてくるときに、迷わないようにと外におきます。

おせち
年神に自然のめぐみを供える習慣からはじまり、季節の節目に食べられる料理をおせち料理といいます。

雑煮
大みそかに、年神に供えたもちや食べものをいっしょに煮たもので、年神の力がつくように願って食べます。

花見

田んぼにいる田の神は、冬の間は山へ行き、あたたかい春になると、農民のいる村に帰ってくると信じられていました。春、桜が咲くと「田の神が帰ってきた」と考え、桜の木のまわりに集まり、酒や料理でもてなし、豊作を祈ったのが花見のはじまりといわれています。

▲ 花見を楽しむ人たち（青森県の弘前公園）

盆踊り

盆踊りは、中国から伝わった先祖を供養する「うら盆会」と豊作を祈る日本の祭りがいっしょになったものといわれています。先祖の霊は田の神、山の神ともされるので、田の神を供養することにもつながります。

▲ おわら風の盆（富山県富山市八尾町）の盆踊り

十五夜

お月見ともよばれ、旧暦の8月15日（現在の9月15日前後）の満月の夜、平安時代に月をながめながら詩歌や音楽を楽しみました。昔は農事を、月の変化を基準にしておこなっていたため、稲穂に見立てたススキを飾り、月見だんごを供えて、稲の収穫を感謝する祭りになり、全国に広まりました。

米づくりから生まれた芸能

日本人は田の神に豊作を願いながら稲作をおこなってきました。それらの願いから神事や芸能が生まれてきました。独自に発展してきた日本の伝統芸能は、ここで紹介するもの以外にもたくさんあります。

神事だった相撲

2000年以上の歴史をもつといわれ、平安時代には天皇の前でおこなう「相撲節」という行事がありました。格闘技やスポーツというより、豊作や大漁を願って神様に奉納する神聖な行事でした。石川県羽咋市には日本最古の歴史をもつ「唐戸山神事相撲」があります。「水なし、塩なし、待ったなし」の古式で現在も続いています。

▲ 結びの一番対決

▲ 石川県無形民俗文化財指定の神事相撲

田楽から生まれた能

能は面をつけた演じ手が、歌と演奏に合わせて演じる日本独自の芸能です。平安時代に流行した、田植え前の豊作を祈る田遊びから発展した田楽がもとになっているともいわれています。山形県鶴岡市山五十川地区には、古くから伝わる「山戸能」と「山五十川歌舞伎」が現在も奉納上演されており、山形県の無形民俗文化財に指定されています。

▲ 夕陽を背に演じられる山戸能

農作業の歌が民謡に

田植えや稲刈りなどの作業を村の人々が共同でリズムよく楽しく作業する中で、田の神に安全や豊作を願う「米つき歌」や「田植え歌」などが生まれました。これらの歌が長い間各地で歌いつがれ、民謡となりました。

▲ 花田植での田植え歌
（広島県山県郡北広島町）

▲ 若い人や子どもたちに継承される山戸能

▲ 山五十川歌舞伎

米と祭り

日本各地では、米づくりにまつわるたくさんの祭りがあります。稲の成長を願ったり、その年の豊作や収穫に感謝するいろいろな祭りを見ていきましょう。

八戸えんぶり（青森県八戸市周辺）

凍てつく大地をふみしめて、冬の間ねむっている田の神をおこし、その年の豊作を祈る祭りです。その名前は春になって、米づくりの準備のため田を平らにならす農具のえぶり（14ページ参照）に由来するといわれます。太夫とよばれる舞い手が馬の頭をかたどった烏帽子をかぶり、米づくりをする様子を勇ましく演じます。合間に子どもたちの祝福芸もあります。毎年2月17日～20日におこなわれる国の重要無形民俗文化財です。

▲ 太夫の舞

▲ 子どもたちの祝福芸「松の舞」

チャグチャグ馬コ（岩手県滝沢市、盛岡市）

チャグチャグとは馬につけた鈴の音のことです。岩手県では古くから農作業でつかれた馬をいたわり、豊作や無病息災を願う風習がありました。はなやかな馬具をまとった100頭ほどの農耕馬が、毎年6月の第2土曜日、滝沢市の鬼越蒼前神社から盛岡市の盛岡八幡宮まで、約13kmの道のりを行進します。

▲ 色あざやかな装束で進む馬コ

▶ 豊かな田園地帯を通る

秋田竿燈まつり（秋田県秋田市）

たくさんの連なる提灯を米俵に、竿燈全体を稲穂に見立てて、てのひら、額、肩、腰などにのせて、絶妙なバランスであやつります。もともとは邪気をはらう七夕の行事「ねぶり流し」として江戸時代にはじまり、豊作を祈る祭りになりました。

祭りメインイベントの夜竿燈 ▶

雪中田植え（秋田県北秋田市）

農家が1年の仕事はじめの儀式として、積もった雪を水田に見立て、稲わらや豆がらなどの束を立てて田植えのまねをします。稲束のたおれかたで、その年の実りをうらないます。農作業のはじまりを祝い1月15日の小正月におこなわれ、豊作を願います。

▲ 豊作の願いをこめて

岳の幟（長野県上田市）

室町時代の大干ばつのとき、村人が山の神に雨乞いをしたら雨が降り、作物がよみがえり豊作となりました。そのことを感謝して各家で織った布を奉納したのがはじまりといわれています。数十本の色とりどりの布をつるした、長さ6mの幟をかつぎ練り歩きます。500年以上続く祭りで、国の選択無形民俗文化財に指定されています。

▲ 夫神岳山頂から別所神社までの行進

色とりどりの長さ約6mの幟

米づくりと日本の行事

厳正寺 水止舞（東京都大田区）

起源は1321年（鎌倉時代）に、現在の関東が大干ばつのとき、寺の上人が祈り雨を降らせました。しかし2年後、今度は長雨が続き田畑が流出しました。上人は獅子の仮面を3つつくり「水止」と名づけ、農民にかぶらせ法螺貝を吹かせ、太鼓をたたかせて祈り雨をやませました。その感謝の舞として水止舞を捧げるようになりました。東京都無形民俗文化財に指定されています。

▲ 雌獅子かくしの舞

▲ 龍神に水がかけられる

徳丸北野神社 田遊び（東京都板橋区）

田遊びは水田耕作にかかわる神事で、年頭にあたりその年の五穀豊穣を祈ります。しめ縄をはりめぐらせた中で1年間の田おこしから、田植え、稲刈り、豊作の祝いまでの作業を進めます。おもしろおかしいしぐさや、唱え言葉をまじえて演出して、田の神をふるい立たせます。同区の「赤塚諏訪神社田遊び」とともに国の重要無形民俗文化財に指定されています。

▲ ユーモラスな牛の面をつけて田ならしをする

▲ もちをつけたニワトコの枝のクワで田おこし

壬生の花田植（広島県山県郡北広島町）

豊作を祈る田植えの祭りです。花鞍や幟で飾りつけた牛が代かきをし、笛や太鼓の「囃子」に合わせて「早乙女（田植えをする女性）」が歌いながら苗を植えていきます。そのはなやかさから「花田植」とよばれています。ユネスコ世界無形文化遺産に登録されています。

▲ 花田植

▲ 飾り牛

横江の虫送り（石川県白山市横江町）

「虫送り」とは、農作物の害になる虫たちを、村境や川・海・山まで送り出し、豊作を祈る祭りです。夏の夜、太鼓を先頭に松明を灯した行列が宇佐八幡神社を出発します。田の野良道を行進した後、火縄アーチに点火して「虫送」の文字を燃え上がらせ、その下で太鼓を激しく打ち鳴らします。江戸時代から続いているといわれ、白山市無形民俗文化財に指定されています。

▲ 火縄アーチ（高さ3.5m、幅3.74m）をかいくぐる

▲ 大きな松明が点火されます

面浮立（佐賀県鹿島市）

佐賀県の鹿島市を中心にした地域に広く伝わる祭りです。農耕にともなって、耕作に害をおよぼす悪霊をふうじこめ、豊作を願う神事として面浮立ができたといわれます。地域により鬼の面、舞い手の衣装、踊り、音楽などもちがいます。佐賀県を代表する芸能で、佐賀県指定重要無形民俗文化財になっています。

▲ 母ケ浦地区の面浮立

もっと米づくりを知ろう

米づくりと人々のくらし

弥生時代にはじまった米づくりは、日本人のくらしに大きな役割をもっていました。どのように米づくりが進んできたのか見てみましょう。

米の伝来図

❶ 中国北部→朝鮮半島→九州北部
❷ 長江下流の地域→九州北部
❸ 中国南部→台湾→沖縄→九州南部

米づくりはいつ、どこから伝来したのでしょう

日本には約2500年前に中国大陸や朝鮮半島から伝わったといわれています。米になる稲や稲作が日本にもたらされたことは、九州福岡県の板付遺跡や佐賀県の菜畑遺跡などから水田跡や農具が発見されわかっています。弥生時代になり、本格的に水田稲作技術が発達しました。

弥生時代の米づくり

縄文時代晩期、九州に伝わった水田稲作技術は、弥生時代になって日本列島の東にすすみます。弥生時代の水田は全国で20か所以上見つかっています。米づくり、米伝来の遺跡として有名な静岡県の登呂遺跡では弥生時代の水田跡、炭化米、農具が見つかっています。

▲ 静岡県登呂遺跡に復元された、収穫した米を保管する高床式倉庫。

＊種を直接田んぼにまく方法と、べつに苗を育ててから田んぼに植える方法とがありました。

古墳時代・飛鳥時代

　鉄製のクワやスキ、カマなどの農具が広まり、米の収穫量がふえました。収穫した米（租）を税として国におさめる制度もはじまりました。国から口分田という田んぼをあたえられて、税を米でおさめる「班田収受法」もこのころできました。

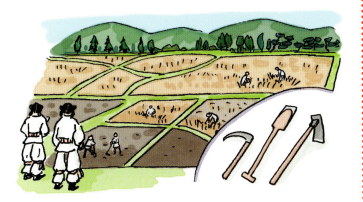

奈良・平安時代

　奈良時代は国が大きく繁栄しますが、税や労役の負担に苦しみ、口分田をすてる農民がふえてきました。そこで国は、開墾した人が田を永久に所有できる「墾田永年私財法」を出しました。結果奈良時代は田植えが本格化しました。大きなため池や用水路がつくられ、新田もでき、貴族や寺社が開墾した田んぼは荘園とよばれ、発展していきました。

鎌倉・室町・桃山時代

　田おこしや代かきに牛や馬を使うようになり、水田に水を引くための水車ができ、金属のカマ、クワ、スキなどを専門につくる鍛冶も生まれました。田植え祭りや田楽など、豊作を祈る行事もさかんになりました。新田開発がすすみ、洪水から田んぼを守る治水技術も発達して、農民は力をのばし「惣」という共同組織もできました。一方、村ができ、農家戸数がふえると、大名とよばれる領主は検地をおこない収穫量、年貢量などを定めて記録し、農民を管理するようになりました。

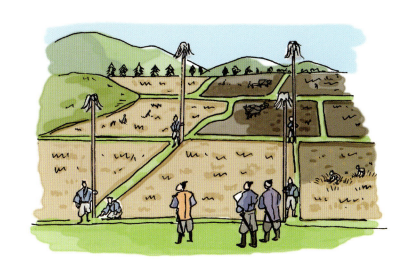

江戸時代

　江戸時代、戦乱がおわると、ほかの国に攻めこみ領地を拡大できなくなった大名たちは、自分の領地で水田をふやすようになりました。新田開発など大きな工事がすすみ、備中グワ、千歯こき、唐箕などの農具が発達し、品種改良や栽培技術も向上しました。また身分制度の確立とともに、武士は城下町に、農民は農村にと、住むところも分けられ、農村での生活は、より米や麦などの作物の成長にあわせたものとなりました。農作業も「結」「もやい」とよばれる組織で共同作業をおこない、休息日は祭りや、芝居、相撲などを楽しみ、正月、盆、七夕、など年中行事もさかんになりました。日本の米づくりが大きく発展した時代といえます。

▲ 豊かな米づくりの図　『豊年萬作之図』五風亭貞虎 画

主食としての米

主食は毎日の食事の中心となっている食べもののことです。日本では米が主食の代表です。

主食とは

　主食は、日常的にもっとも多く利用する食べ物です。いつでも不足することなく食べられ、エネルギーや栄養を多くふくむ穀物などが向いています。ほかの作物より多くとれること、毎年安定してとれることもたいせつです。世界を見てみますと米のほか、麦、とうもろこし、いも類、バナナなどを主食としている国もあります。日本では、米が毎日の食事の中心で食べられています。世界的には米を主食としている国が多く、世界の人口の半分が米を主食としているといわれています。次に小麦の比率が高いです。

すぐれている主食の米

　米には、いろいろな栄養素がふくまれています。とくに米の主成分の炭水化物は、体の中にとりこまれブドウ糖になります。さらに腸の毛細血管から吸収され、血液にとけて全身にいきわたります。これらは脳や体を活発に働かせるたいせつなエネルギー源です。

炭水化物を多くふくむエネルギー源

毎日食べても、あきない味

安定してたくさん収穫することができます

貯蔵が長くできるので、いつでも食べられます

米からできるもの

米は酒や酢、みりん、もち、せんべいなどさまざまな食品にも加工されます。

米の変身

　米は昔から、いろいろな方法で加工されてきました。代表的なのは、米をはっ酵させてつくる日本酒や料理酒・米酢・みりん・米みそなどがあります。これらは米にこうじ菌を繁殖させて「米こうじ」をつくり、こうじ菌がタンパク質やデンプンを分解してうま味や甘味、アルコールなどに変わり、加工食品になるのです。ほかにも、油のなかにも米からつくられているものがありますし、もちやせんべい、だんごも米が原料になっています。

日本酒
蒸した米に米こうじをまぜると、ふくまれるデンプンがアルコールにかわります。

料理酒
料理につかう日本酒です。

米酢
米をはっ酵させてつくる酢です。

みりん
もち米、米こうじをはっ酵させてつくります。

米油
玄米からとれる米ぬかを原料にしてつくります。

米みそ
米にこうじ菌をつけて米こうじをつくり、大豆、塩とまぜて仕込みます。

せんべい
うるち米を蒸して、もち状にして焼いてつくります。

だんご
米が原料の上新粉を蒸したり、ゆでたりしてつくります。

もち
もち米を蒸して、ついてつくります。

米づくり・農業の仕事をするには

おいしい米や、安全な野菜やくだものを自分でつくり、みんなに食べてもらう、米づくりや農業の仕事をするにはどんな方法があるのでしょうか。

日本の文化をつぐ心

米づくりや農業の仕事をするには、特別の資格はいりません。もともと育った家が農家で、家族の手伝いをとおして技術を学んだ人は、農家のあとつぎとして働きはじめることも可能です。

しかし、よりよい米づくりのためには、土づくりをはじめとして、より広い知識やきちんとした技術力が必要です。そのため、多くの人は農業高校や農業大学や専門学校の農業コースに進学して知識や技術を学んでいます。高校では稲作や農業の基礎知識などを学び、農業大学や専門学校では、実験や農業経営など専門的なことも学びます。

都道府県にある新規就農相談センターでは、相談を受けつけるほか、農業体験ツアーや先ぱいの体験談を聞ける集まりなどもあります。(公財)日本農業法人では農業インターンシップで、全国に300ある受け入れ農業法人で就業体験できる仕組みなどもありますので、情報を集め、問い合わせてみるのもよいでしょう。

自分の仕事を自分のペースでおこなっていける、がんばった成果が自分にかえってくるという点は、米づくりや農業の魅力でもあります。

また、農家以外にも農業にかかわる仕事として、農業試験場などの研究機関、種苗・肥料・農薬のメーカー、農家から農産物を集め共同出荷したり農業技術指導をおこなったり、農家をささえるJA（農業共同組合）などもあります。

毎日が勉強

五十嵐 大介 さん
農業家
山形県つや姫マイスター

米づくりの仕事は用水路の整備をはじめ、田植え、稲刈りなど、共同作業が多くあります。米づくりを学んだのは、助け合いで共同作業をする「結」という場で、近所の方から教わることが大きかったです。家が農家でしたので、子どものころ農繁期などに親の手伝いはしていました。

また、山形県の庄内総合支庁の農業技術普及課の研修なども、たいへん参考になりました。県を代表する米「つや姫」は、わたしが農業を仕事にして、試験栽培からつき合いはじめたはじめての新品種です。農業試験場からスタートした新種が、現場の農家の田に根づき生産されるまで、さまざまな研究が続きます。食味試験でいちばんおいしかった「つや姫」にかかわり、つや姫マイスターの資格をいただき、子どもたちに米づくり講師としておこなう普及活動は、わたしの勉強にもなっています。

米づくりは、土づくりにはじまり、田んぼ1枚1枚は日照などさまざまな条件がちがうだけに気をつかいます。毎年同じことをやっても同じ結果は得られません。

土づくり、育苗、代かき、田植えと続く、一つひとつの細かな作業を、日々の気象や温度を見ながら、どれだけたんねんにするかが、米づくりの基本だと思います。

子どもたちにもいうことですが、苦労して手をかければかけただけ結果にかえってきます。米づくりの仕事のおもしろさはそこにあると思います。

米づくりと日本文化

約2500年前にはじまった日本の米づくりは、九州地方から東へ広がり、約2200年前には、現在の青森県まで伝わっています。

稲はイネ科の栽培一年草で、その種子が米です。成長した稲が成熟して穂からもみが実ります。収穫し、だっこくされて玄米から精米され米となるのです。

米づくりは日本だけではなく、アジアを中心に世界中でおこなわれてきました。稲は、もともと水の豊かな高温多湿の地域でよく育つ植物です。日本の夏は高温多湿で、稲のよく育つ風土であるため古くから栽培されてきました。

日本人にとって米は単なる食べ物ではありません。わたしたちの生活様式にも深くかかわる特別な存在といえるのです。たくさんの米を収穫するためには人々の努力だけではなく、自然条件にめぐまれることも必要でした。干ばつや冷害、秋の台風、害虫の発生という自然の脅威をやわらげるために、古くからさまざまな儀式や風習などがありました。日本各地でおこなわれる夏祭りや秋祭りの多くは、田の神に豊作を祈り、感謝することに由来するといわれます。

田の神をむかえる「正月」の行事や「花見」、「盆」、「十五夜」などの年中行事も、稲作や田の神と深いかかわりをもっています。まさに、わたしたち日本人の生活に根ざしている文化や習慣が米づくりに由来しているといえます。わたしたちはこれらの「米づくりの文化」を未来に伝えていくこともたいせつです。

著者…和の技術を知る会
撮影…田邊美樹
装丁・デザイン…ＤＯＭＤＯＭ
イラスト…あくつじゅんこ、川壁裕子(DOMDOM)
編集協力…山田　桂、山本富洋

■撮影・取材協力
山形県庄内総合支庁
山形県稲作農家（佐藤三吉、志藤正一、五十嵐大介）
庄内米歴史資料館（JA全農山形）
山形県農業総合研究センター水田農業試験場
東京農業大学「食と農」の博物館
　http://www.nodai.ac.jp/campus/facilities/syokutonou/
農事組合法人上望陀（千葉県木更津市）
　http://www.kamimouda.or.jp/
（一社）くすのき自然クラブ
　https://kusunoki-sizenclub.jimdo.com/

■参考資料
『米の日本史』土肥鑑高著／雄山閣 2001
『日本のもと　米』服部幸應監修／講談社 2011
『米からみる東アジア　豊かな水が支えた暮らし』渡部武著／クリスチャン・ダニエルス監修／小峰書店 2012
『コシヒカリ物語 日本一うまい米の誕生』（中公新書）酒井義昭著／中央公論社 1997
『お米なんでも図鑑』石谷孝佑監修／ポプラ社 2013
『日本の米づくり1～4』根本博編著、常松浩史著／岩崎書店 2015
『やまがた米ものがたり 米づくりの1年』全国農業協同組合連合会 山形県本部 米穀部 2016
『いのちを育む 山形県の農業』『いのちを育む山形県の農業』編集委員会製作／JAグループ山形 2017

■写真・図版・資料協力
＜カバー・表紙＞
くいがけ・稲刈り：清流自然米研究会、稲束づくり：PIXTA、田植え体験：監物真樹、田植え：農事組合法人上望陀、備中グワ・米俵：庄内米歴史資料館、箕・米：亀ノ尾の里資料館

P1～3＜本扉／はじめに／目次＞
壬生の花田植：北広島町観光協会、丸山千枚田：(有) 熊野市観光公社、米：亀ノ尾の里資料館、米俵：庄内米歴史資料館、除草の技：農事組合法人庄内協同ファーム、品種改良とおいしさのくふう：山形県総合研究センター水田農業試験場、田おこし（家畜）：山形県農業共同組合中央会、トラクター：(株) クボタ、チャグチャグ馬コ：滝沢市観光協会

P4～7＜米の世界へようこそ＞
稲の生育：農事組合法人上望陀、刈りとり・だっこく：清流白然米研究会、もみすり・精米・炊飯：PIXTA

P8～13＜米づくりの技を見てみよう＞
土づくりの技：志藤正一、育苗の技・水管理の技：農事組合法人上望陀、除草の技：農事組合法人庄内協同ファーム、くいがけの技：清流自然米研究会

P14～17＜米づくりの昔と今＞
備中グワ・打ちグワ・双用スキ・代かき馬グワ・地ならしローラー・型枠・除草機・足踏みだっこく機・千歯だっこく機・貯蔵：庄内米歴史資料館、えぶり・苗カゴ・踏車・田舟・唐箕：東京農業大学「食と農」の博物館所蔵、田おこし（家畜）・昔の田植え・カントリーエレベーター：山形県農業共同組合中央会、縄・がんづめ：奈良県立民俗博物館蔵／（株）クボタ・ホームページ「くぼたのたんぼ」より引用、箕・もみふるい：亀ノ尾の里資料館、トラクター・田植え機・多目的田植え機・バインダー・コンバイン：(株) クボタ

P18～19＜日本のいろいろな田んぼ＞
阿蘇盆地：PIXTA、二期作：零細系統保護協会（CC）、散居村：となみ散居村ミュージアム、条里制・関東平野：国土地理院ウェブサイト出典、丸山千枚田：(有) 熊野市観光公社、越後平野：(公社) 新潟県観光協会、空知地域：深川市

P20～21＜品種改良とおいしさのくふう＞
山形県農業総合研究センター水田農業試験場

P22～23＜米づくり体験レポート＞
（一社）くすのき自然クラブ

P24～27＜米づくりと日本の行事＞
花見写真：弘前公園総合情報サイト、おわら風の盆：(一社) 越中八尾観光協会、唐戸山神事相撲：羽咋市、田植え歌・壬生の花田植：北広島町観光協会、山戸能・山五十川歌舞伎：山五十川自治会、八戸えんぶり：八戸市、チャグチャグ馬コ：滝沢市観光協会、秋田竿燈まつり：秋田市竿燈まつり実行委員会、雪中田植え：北秋田市商工観光課、岳の幟：(一社) 長野県観光機構、厳正寺 水止舞：東京都大田区役所、徳丸 北野神社 田遊び：東京都板橋区教育委員会、横江の虫送り：白山市教育委員会、面浮立：鹿島市役所

P28～31＜もっと米づくりを知ろう＞
「米づくりと人々のくらし」高床式倉庫：静岡市立登呂博物館、『豊年萬作之図』：個人蔵
「米からできるもの」日本酒：朝日酒造株式会社、料理酒・米酢・みりん：(株) Mizkan　Partners、米油：築野食品工業 (株)、米みそ：マルコメ (株)

(敬称略)

※日本への米の伝来時期は、約3000年前、約2300年前などさまざまな説がありますが、本書では約2500年前として記しています。

子どもに伝えたい和の技術7　米づくり

2018年3月　初版第1刷発行　2025年7月　第3刷発行

著 ……………… 和の技術を知る会
発行者 …………… 水谷泰三
発行所 …………… 株式会社文溪堂　〒112-8635　東京都文京区大塚3-16-12
　　　　　　　　　　TEL：編集 03-5976-1511
　　　　　　　　　　　　　営業 03-5976-1515
　　　　　　　　　　ホームページ：https://www.bunkei.co.jp
印刷 ……………… TOPPANクロレ株式会社
製本 ……………… 株式会社ハッコー製本
ISBN978-4-7999-0216-5/NDC508/32P/294mm×215mm

©2018 Production committee "Technique of JAPAN" and BUNKEIDO Co., Ltd.
Tokyo, JAPAN. Printed in JAPAN
落丁本・乱丁本は送料小社負担でおとりかえいたします。定価はカバーに表示してあります。